段张取艺 著绘

古人鞋子花样多

中信出版集团 | 北京

图书在版编目（CIP）数据

古人鞋子花样多 / 段张取艺著绘 . -- 北京 : 中信出版社 , 2023.7

（传统文化有意思）

ISBN 978-7-5217-5751-4

Ⅰ . ①古… Ⅱ . ①段… Ⅲ . ①鞋－文化史－中国－儿童读物 Ⅳ . ① TS943.7-092

中国国家版本馆 CIP 数据核字（2023）第 095137 号

古人鞋子花样多

（传统文化有意思）

著　　绘：段张取艺
出版发行：中信出版集团股份有限公司
　　　　（北京市朝阳区东三环北路27号嘉铭中心　邮编　100020）
承 印 者：北京联兴盛业印刷股份有限公司

开　　本：787mm×1092mm　1/16　　印　　张：2.5　　字　　数：35千字
版　　次：2023年7月第1版　　印　　次：2023年7月第1次印刷
书　　号：ISBN 978-7-5217-5751-4
定　　价：20.00元

出　　品：中信儿童书店
图书策划：将将书坊
总 策 划：张慧芳
策划编辑：高思宇
责任编辑：王欢
营　　销：中信童书营销中心
封面设计：姜婷　佟坤
版式设计：佟坤　李艳芝

服务热线：400-600-8099
投稿邮箱：author@citicpub.com

小朋友们，看我看我！我是小飞龙，别看我个子小，我可是能穿梭时空的哟!

这次，我们来看看有关脚的故事。谁的鞋柜里还没有几双鞋？穿上鞋，我们才能更好地行走。所以说，鞋真的太重要了！其实，鞋的历史可能比我们想象的还要久远，可以追溯到很久很久以前……

鞋子诞生啦！

很久很久以前，人类祖先学会了直立行走。虽然解放了双手，但以往四只脚承担的走路任务分担到两只脚上，多少有些“不堪重负”。

有一天，祖先们灵机一动，将剥下来的兽皮包裹在脚上，做成了最原始的鞋——裹足皮。
这样暖和多了！
裹足皮：把兽皮裁成块，包住整只脚，再把剩余的兽皮裁成细条用来固定，裹足皮就做好了。

缝出来的鞋子

后来，人们发明了一样重要的东西——针。于是有人对裹足皮进行改造，做成了真正意义上的鞋。

褶（zhě）脸鞋：按照脚的长度裁好兽皮，再把鞋面的兽皮用针线按照鞋形缝合。有时会在鞋帮上穿上兽皮条便于固定。

人们又发现鞋子的不同部位磨损程度不一样，所以把不同的兽皮缝在一起，做成耐磨又好穿的缝绱（shàng）鞋。

缝绱鞋：其特点是鞋帮和鞋底原本不是一体的，是通过针线缝制在一起的。

草木在脚，晴雨不愁

没有合适的鞋子，刮风下雨、天气炎热时怎么出行呢？古人为这件事犯了难，后来他们注意到两种随处可见的可制鞋的材料：木头和草。

木板鞋：把木头削成薄板，打上孔，将草搓成绳子穿过孔系到脚上。

木板鞋做工简单，却有些硌脚。据说，黄帝有一个名叫不则的臣子，他非常聪明，想到草这么柔软，为什么不用草来做鞋呢？

草鞋：将草搓成绳子，编成鞋底和四周的环扣。绳子穿过环扣将鞋固定在脚上。

越来越精巧的鞋子

到了商周时期，人们已经开始用葛布和丝绸等来制作鞋子。新式鞋子穿起来比以往的鞋子舒服多了。

这个时候的鞋子叫作屦（jù），样式和做工都越来越考究。

鞋子变味了

文明发展，礼制出现，严格的等级制度也随之而来，并且还体现在了鞋子上。只有贵族才能穿精美华丽的绸缎鞋，平民百姓只能穿用葛、麻或者草做的鞋子。

商周时，等级最高的鞋叫作“舄”（xì），除了用昂贵的绸缎做鞋面外，最重要的是鞋底是双层的，上层是用布或皮革做的，下层是用木料做的。舄主要出现在重要的礼仪场合，只有尊贵的帝王、诸侯和大臣才可以穿。

穿革靴，打胜仗

战国时期，赵国国君赵武灵王为了让军队更强大，大胆推行胡服骑射，学习北方游牧民族的军事文化优势，引入他们的服饰、装备和战术。因此，北方民族的短靴也跟着一起传入了中原。

短靴方便耐穿，又能保护脚腕，因此成为军人的最爱。

感觉跑起来都
更有劲了!
革靴：当时的靴子
都是皮革材质的，
因此被称为革靴。

所有人都爱穿的鞋子

有没有一种鞋是所有人都能穿的呢？当然有，就是木屐（jī）！从平民到士人，甚至皇帝，都喜欢穿这种走路时嗒嗒作响的木底鞋。

防水耐磨，居家旅行必备！

还能增高！

木屐：用木头做底的鞋，一般鞋底有两个高齿，前后差不多一样高。也有只有后跟的单齿木屐。

文人雅士尤其喜欢木屐，晋末名士谢灵运还发明了一种专门用来登山的木屐——谢公屐。这几乎成了他游山玩水的必需品。

谢公屐：将木屐的两个齿做成可拆卸的，上山时拆掉前齿，下山时拆掉后齿，便于走山路。

漂亮又实用的鞋子

古时人们最常穿的还有丝履，因为中原人以穿长裙、长衫为主，而丝履常带有又高又翘的鞋头，走路时抬起脚，鞋头会把裙摆撩起来，这样人就不容易被裙子绊倒了。

翘头履：鞋子前端加高，穿着时鞋头在裙摆外面。鞋的翘头设计早在上古时就已出现，到了汉代出现了履头絇（qú）分歧设计，被称为“歧头履”。

到了唐朝，女子们的翘头履花样繁多，各种各样的翘头履让人目不暇接。

办公专用靴

提起繁荣的大唐，绕不开诗仙李白。相传李白在皇宫里醉酒作诗，居然让当时位高权重的太监高力士给他脱靴。

这种靴叫乌皮六合靴，在隋唐时期成为官靴，帝王百官在上朝时穿六合靴成为一种制度。

乌皮六合靴：“乌”指黑色，“六合”指鞋子主体用六块皮料缝合而成，寓意东、南、西、北、天、地六合。因看上去有六条缝，所以这种靴也称乌皮六缝靴。

这可是官员的象征!

不好的鞋子！

并不是每种流行的鞋子都很好穿。相传五代十国时期，南唐后主李煜有个善跳舞的妃子，她为了使舞姿更加轻盈婀娜，曾用布帛把双脚裹缠成新月状。

然而，随着古人过分追求脚的小巧，缠足逐渐变了味儿，成了一项陋习。女子缠足从宋朝开始越来越普遍，直到民国时期才被完全禁绝。

莲鞋：缠足女性所穿的鞋。缠足时需要用布条把弯折后的脚牢牢缠住，直到把脚变成弓一样的形状。缠足对女性身体和心理的伤害都很大。

便宜才是硬道理

缠足这么伤害身体，在古代居然还曾是有地位的人的象征。大部分的底层劳动人民不会缠足，因为太耽误干活了！劳动人民的鞋还是以便宜为主，争取用最少的钱发挥最大的作用。

粗布麻鞋也贵不了几文钱，穿着更舒服！
天冷就穿暖鞋，便宜又保暖。
暖鞋：用蒲草编出圆头草鞋，再在里面添上芦花、鸡毛或棉毡等保暖的材料，用来御寒。

保佑平安的鞋

小孩子也有专属的鞋——虎头鞋！关于虎头鞋还有个故事呢！传说有一个擅长绣花的女子给自己的孩子绣了一双虎头鞋。有一天，村子里突然来了只可怕的怪物，其他孩子都被怪物袭击了，而那个穿着虎头鞋的孩子却一点儿事都没有。

虎头鞋：在布鞋的鞋头处绣上老虎的图案，往往色彩鲜艳。

村里的人都说，是虎头鞋保护了这个孩子。从那之后，大家都喜欢给小孩做虎头鞋，希望保佑孩子平安长大。

不分左右脚

其实，古代的鞋子都不分左右脚。古人制鞋的材料大多比较柔软，鞋子也做得比较宽松，因此不会因为左右脚有区别而穿不上。

直到 1876 年，上海浦东人沈炳根才成功制出中国第一双分左右的皮鞋。
哇哦，鞋子是按照脚形定制的！
这样鞋子才能更合脚！
我的脚也是分左右的！

新时代，新流行

到了民国时期，社会发生了翻天覆地的变化，随着西方的皮鞋被引入中国，男子的鞋子主要分成两种。

女孩子也终于不用裹脚了！小小的莲鞋逐渐被更舒适的绣花鞋和更时尚的小皮鞋、高跟鞋取代，女子也可以轻轻松松走在路上！

万变不离“鞋”宗

多年以来，鞋子虽然发展出了各种各样的造型，但主体部分其实一直没有什么变化。

在鞋子上绣花依然很时尚。

从布鞋发展而来的“千层底”是很多人的心头好。

木板鞋变成现在的木底拖鞋，健康防水，很多人都很喜欢。

直到现在，把不同材料的鞋底和鞋帮缝在一起的工艺依然叫缝绱。

革靴在不断地中西合璧后，出现了更多的造型。还有了棉靴和布靴。

小孩穿的除了虎头鞋，还有鹿头鞋、兔头鞋，都寄托了大人们美好的祝愿。

满满当当的鞋柜

鞋子经过几千年的演变，受到不同民族文化的影响，在不断的融合和创新中，我们的鞋柜变得越发丰富、满满当当。

每天都要为穿什么鞋子而纠结呢!

知识加油站

鞋子的各种讲究

汉朝上朝要脱鞋

因为汉朝时人们习惯于席地而坐，穿着鞋子容易踩脏地面，所以当时人们都要脱鞋上朝，以示对君主的敬意。

瓜田不纳履

在瓜田里蹲下整理鞋子，看起来就像在偷瓜。瓜田不纳履用来比喻不要做容易让人误会的举动，以免被他人猜疑。

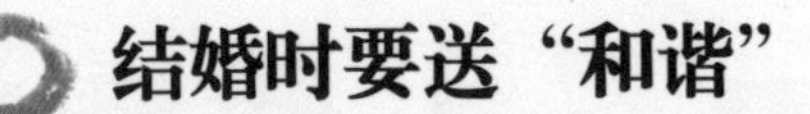

结婚时要送“和谐”

古代民间给新婚夫妇送的贺礼大多是一面铜镜和一双鞋，寓意祝愿夫妻“同偕到老”。

敬老要送寿鞋

有些地方的习俗中，老人五十岁后，在六十、七十、八十岁时……子女都要送一双“添寿鞋”给老人，祝愿老人寿比南山。

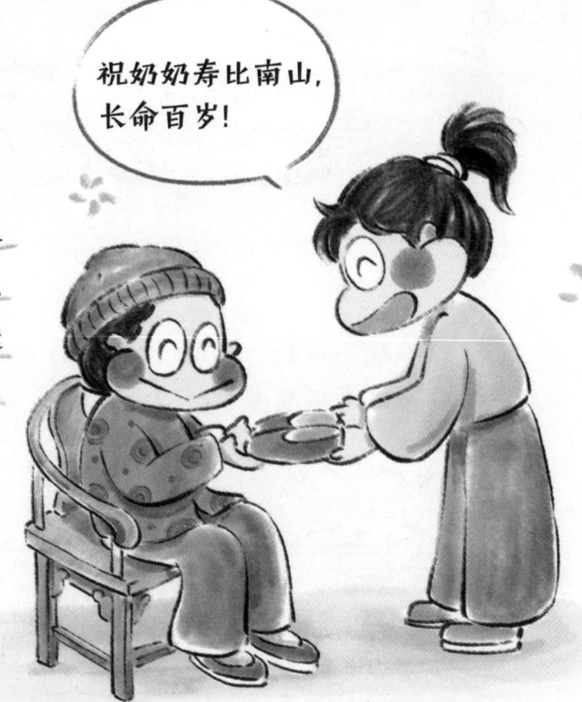

知识小趣闻

一只鞋换来的传奇兵书

名士张良有一次在桥边散步，一个老人故意把鞋子掉到了桥下，让张良帮他捡回来。

孺子可教，五天后来这里等我。

张良有些生气，但想到老人年纪大了，还是帮忙捡回了鞋子并帮他穿上。老人突然哈哈大笑，让张良五天后来这里等他。

五天后张良来到桥头，老人因为张良来得比自己晚，生气地让他再过五天再来。张良干脆在约定前一天的半夜就守在桥头等老人。

老人看到张良比自己早到，终于满意地交给他一本书。这本书是《太公兵法》，张良研读后，最终帮助刘邦建立了汉朝。

参考书目

[1] 张慧琴，武俊敏，田银香 . 中外鞋履文化 [M]. 北京：中国纺织出版社 , 2018.

[2] 钟漫天 . 中华鞋文化 [M]. 北京：中国轻工业出版社 , 2016.

[3] 沈从文 . 中国古代服饰研究 [M]. 上海：上海书店出版社 , 2011.

[4] 春梅狐狸 . 图解中国传统服饰 [M]. 南京：江苏凤凰科学技术出版社 , 2019.

[5] 刘永华 . 中国服饰通史 [M]. 南京：江苏凤凰少年儿童出版社 , 2020.